Ursula Kopp

NÜTZLINGE IM GARTEN

Anlocken, Ansiedeln, Einsetzen

HEEL

IMPRESSUM

HEEL Verlag GmbH
Gut Pottscheidt
53639 Königswinter
Tel.: 02223 9230-0
Fax: 02223 9230-13
E-Mail: info@heel-verlag.de
www.heel-verlag.de

2. Auflage 2021

Autorin: Ursula Kopp
Satz und Gestaltung: gb-s Mediendesign, Königswinter
Coverdesign: Axel Mertens, Königswinter
Lektorat: Helge Wittkopp, Iris Bahr

Fotos: ©
Fotolia: U1 (o.) Andrea Wilhelm; U1 (u.) hochfeld
Steinberger: U4 (l. o., l. M., u. M.), S. 4, 6, 9, 11 (u.), 12/13 (o.), 14–16, 18, 20/21 (alle), 24–26, 29/30, 32, 34 (o. l., M. l., M. r.), 3 5 (beide), 37 (beide), 38, 41, 45, 52, 57, 73–75; Strauß: S. 28, 34 (o. r., u.), 36; Wothe: U4 (u. r., u. l.), S. 11 (o. l., o. r.), 13 (u.), 39, 42, 44, 46–56, 58–72, 76/77

Printed in Slovakia

ISBN 978-3-95843-875-0

INHALT

EIN WORT VORWEG

Das bedrohliche, weltweite Massensterben der Bienen und der besorgniserregende Bestandsrückgang vieler heimischer Vogelarten sind zentrale Themen – auch in den Medien. Die Hauptursachen sieht das Bundesamt für Naturschutz (BfN) in der intensiven Landwirtschaft mit Monokulturen und dem massiven Einsatz von Pestiziden, wodurch ursprüngliche, angestammte Lebensräume mit ihren vielfältigen Nahrungsquellen vernichtet werden. Jedem von uns ist klar, dass der Verlust auch nur einer Tierart, die eine gewisse Rolle in der Nahrungskette spielt, unvermeidlich zu weiterem Artensterben führt und ganze Ökosysteme an Stabilität und Produktivität verlieren.

Die Erhaltung der biologischen Vielfalt ist nur dann gewährleistet, wenn das Überleben der Blütenbestäuber gesichert ist. Um sie zu unterstützen und zu stärken, kann jeder einen Beitrag leisten. Grundsätzlich muss weitestgehend auf den Einsatz von Pestiziden verzichtet werden. Städte und Landwirte können vermehrt Grünstreifen, Wildwiesen und -blumen pflanzen und Blühstreifen an Feldrändern wachsen lassen.

Gärten, vor allem in Städten, sind heute für die unterschiedlichsten Tierarten Zufluchtsstätte und somit Ersatzlebensraum – manchmal sogar die letzte Rückzugsmöglichkeit. Viele der kleinen und unscheinbaren Tiere im Garten nimmt man jedoch erst wahr, wenn sie in größerer Anzahl auftreten oder durch Fraßschäden deutlich sichtbar werden. Ganz schnell wird dann von Schädlingsbefall gesprochen und zur chemischen Keule gegriffen. Dabei lässt man außer Acht, dass dies dem biologischen Gleichgewicht im Garten enorm schaden kann. Wer naturnah gärtnern will, sollte also die unterschiedlichsten Bewohner seines Gartens kennen, um bei der Anlage und Gestaltung Einfluss auf die Artenvielfalt nehmen zu können.

Dieses Buch soll dem Naturgärtner bei der Beobachtung und Ansiedlung der Tiere im Garten helfen. Es stellt die wichtigsten und häufigsten Gartennützlinge in ausführlichen Porträts mit Informationen zu Lebensweise, Ernährung und ökologischen Ansprüchen vor. Darüber hinaus bietet es neben praktischen Ratschlägen, Gestaltungsideen und Bauanleitungen zu Nützlingsquartieren und Nisthilfen auch Tipps dazu, wie man möglichst viele der kleinen Gartenhelfer anlocken und aktiv unterstützen kann. Auf diese Weise wird der Garten im Zusammenspiel von Boden, Pflanzen und tierischen Helfern eine Oase für Mensch und Tier.

EIN NATURNAHER GARTEN – EINLADUNG FÜR NÜTZLINGE

Damit sich Nützlinge im Garten wohlfühlen, muss man für sie günstige Lebensumstände schaffen. Ein Garten, in dem Rasenflächen dominieren, die mit nur einigen wenigen Pflanzen durchsetzt sind, wird die kleinen Helfer kaum oder gar nicht anlocken. Ist er hingegen durch viele Sträucher und blühende Stauden belebt, bietet er ihnen schon wesentlich mehr Lebensräume und Nahrungsgrundlagen. In Hecken finden Vögel Platz, die mit Vorliebe die verschiedensten Insekten vertilgen, die sich ihrerseits an den Blättern bedienen. Reisig- und Laubhaufen helfen Igeln beim sicheren Überwintern. Eine Trockenmauer mit Hohlräumen ist für Eidechsen ein ideales Quartier. Blütenpflanzen locken nicht nur Bienen und Hummeln an, sondern auch Schmetterlinge und weitere nützliche Insekten. Ein naturnaher Garten ist also die Voraussetzung dafür, dass sich möglichst viele Nützlinge ansiedeln.

NATURGARTEN ANLEGEN

Der Sinn und Zauber eines Naturgartens besteht darin, dass er nicht von Menschenhand angelegt wird, zumindest nicht im üblichen Sinne, mit großem Aufwand und hohen Kosten. Bei einem Naturgarten geht es darum, ein Stück Natur zu schaffen, das sich ökologisch im Gleichgewicht befindet. Er wird nicht von außen geformt; man arbeitet mit dem, was bereits da ist.

Zunächst wird der vorhandene Boden betrachtet: Er sollte aus einer Erde bestehen, die üblicherweise in der Region zu finden ist. Dann wählt man die Pflanzen aus, die hier gerne und ohne viel Pflege wachsen und gedeihen. Das sind fast ausschließlich einheimische Arten. Der Naturgärtner sollte sich deshalb einfach in der Landschaft seiner Umgebung umsehen und seinen Garten so anlegen, dass er sich harmonisch einfügt. Das wiederum setzt die Kenntnis der heimischen Pflanzenwelt voraus. Steht dann die Auswahl der Pflanzen fest, müssen sie nur noch sinnvoll gruppiert und eingesetzt werden. Damit im Garten wirklich Natur stattfinden kann, sind einige Grundregeln zu beachten:

- Der Naturgärtner arbeitet natur- und umweltbewusst und lernt aus der Beobachtung der Abläufe im Garten.
- Er ist geduldig, experimentiert und holt sich Rat.
- Leitgedanke ist, mit der Natur zu gärtnern, nicht gegen sie. Deshalb wird im Naturgarten auf Mineraldünger und Pestizide verzichtet. Er wird sanft gepflegt, die Natur allenfalls korrigiert, manchmal auch ergänzt.

NATURGARTEN NÜTZLINGSFREUNDLICH GESTALTEN

In einem funktionierenden Garten bilden unzählige Komponenten komplexe Abhängigkeiten. Zentrales Ziel bei der Gestaltung ist daher die Schaffung möglichst vieler, miteinander verzahnter Lebensbereiche. Will man zum Beispiel Schmetterlinge anlocken, reicht es nicht aus, nektarspendende Blüten anzubieten. Die Falter brauchen auch geeignete Pflanzen für die Eiablage und als Raupenfutter sowie einen Platz zur Verpuppung und Überwinterung. Ebenso wenig genügt es, für Vögel einen Nistkasten aufzuhängen, ohne für Insekten und Bodenlebewesen sichere Verstecke und einen Wasserzugang bereitzustellen. Ein vielfältiger, naturnaher Garten bietet Nahrung, Zuflucht, Lebensraum und Kinderstube für viele Tierarten – vom Regenwurm bis zum Igel, von der Hummel bis zur Kohlmeise. Je mehr Lebensbausteine im Garten miteinander verbunden werden, desto größer ist das Angebot an Lebensräumen. Umso mehr Tierarten werden sich hier wohlfühlen und für biologische Vielfalt und Stabilität sorgen.

Gemischte Hecke mit Gräsern, Sträuchern und Stauden

Wildstrauchhecken – bunte Vielfalt

Wildstrauchhecken sind ökologisch wertvoll, weil sie der heimischen Tierwelt Schutz und Nahrung in einem bieten. Auch heben sie sich von den allgegenwärtigen immergrünen Einheitshecken ab und sind das ganze Jahr über dekorativ: Im Frühjahr erfreuen sie mit bunten Blüten, im ausgehenden Sommer reifen saftige Früchte und im Herbst schmücken sie sich mit leuchtendem Laub. Darüber hinaus sind sie anspruchslos und widerstandsfähiger gegen witterungsbedingte Einflüsse und Schädlinge.

Wildstrauchhecken stellen insbesondere für Vögel einen wichtigen Lebensraum dar. Ganz oben auf der Rangliste der Futtersträucher stehen Weißdorn, Schlehe und Wildrose. Der Weißdorn zum Beispiel ist für über 160 Arten ein beliebter Insektenstrauch und seine Früchte werden von mehr als 30 Vogelarten gefressen. Wildrosen sind eine wertvolle Bienenweide; von den Hagebutten ernähren sich knapp 20 Säugetier- und über 25 Vogelarten bis in den Winter hinein. Im Unterholz von Wildstrauchhecken leben zahlreiche Spinnentiere und Insekten, die Vögeln als Nahrung dienen. Laufkäfer, Amphibien und Igel suchen Schutz im dichten Bodengestrüpp.

Ein entscheidendes, auch in der freien Natur rar gewordenes Element einer naturnahen Hecke ist der Krautsaum. Er liegt unter den Büschen und bildet den Übergang zum angrenzenden Grünbereich oder den Beeten. In ihm leben zahlreiche Insekten und Bodenbewohner. Man lässt herabfallendes Laub an Ort und Stelle kompostieren und schichtet Schnittreste unter oder neben der Hecke auf. Bald wird hier ein undurchdringliches Gewirr aus Ästen, Bodendeckern, Gräsern und Wildstauden entstehen – ein idealer Überwinterungsplatz für Igel und andere Kleintiere.

1

2

3

Heimische Wildblumen sind eine wertvolle Futterquelle für Wildbienen, Schmetterlinge und andere Insekten.

Naturschönheit Wildblumenwiese

Auf einer Wildblumenwiese ist immer etwas los, überall ist Leben: Bienen summen, Hummeln brummen und bunte Schmetterlinge flattern elegant von Blüte zu Blüte. Doch sie ist nicht nur ein Ort des bunten Treibens und eine Augenweide; auf lange Sicht macht sie auch viel weniger Arbeit als ein herkömmlicher Rasen.

Ausschlaggebend für das Gedeihen der Blumenwiese ist der Nährstoffgehalt des Bodens. Die meisten Wildblumen und -kräuter entfalten sich auf mageren Böden. Gartenboden ist jedoch durch Düngung und Nährstoffeintrag durch die Luft zu nährstoffreich. Wer in seinem Garten einen zu reichhaltigen Boden hat, trägt zuerst die Grasnarbe ab, lockert den Boden und arbeitet Sand mit ein. Wie viel Saatgut benötigt wird, hängt von der Größe der Fläche ab (5 g/qm, Saattiefe 5 mm). Es sollte unbedingt auf die Boden- und Lichtverhältnisse vor Ort abgestimmt sein und beim Fachmann gekauft werden. Die beste Zeit für die Ansaat sind Frühjahr und Herbst. Das Saatgut wird locker eingestreut, angewalzt und 6 Wochen gut feucht gehalten. Bis sich eine Blumenwiese in ihrer bunten Vielfalt voll entwickelt hat, braucht es jedoch eine gewisse Anlaufzeit und fordert vom Gärtner ein gerüttelt Maß an Geduld.

Wildwuchs zulassen

Im Naturgarten sollte es immer auch Bereiche geben, die nicht gepflegt werden und sich frei entwickeln dürfen: einen Platz hinter dem Komposthaufen, der sich selbst überlassen bleibt; einen Bereich, in dem Schnittgut und Laub abgelegt werden; einen Steinhaufen in einer sonnigen Ecke, der liegenbleiben darf, oder einen Totholzstapel aus knorrigen Ästen und Zweigen im Schatten. Diese wilden Ecken präsentiert man vielleicht nicht jedem Gast; für das ökologische Gleichgewicht sind sie aber enorm wichtig. Hier darf die Brennnessel – eine unerlässliche Futterpflanze für viele Schmetterlinge – ungehindert wachsen; dort verstecken sich Spinnen, Kröten und Laufkäfer, um in der Nacht Jagd auf Schnecken und Insekten zu machen.

Für viele Tierarten bietet ein Totholzhaufen einen idealen Unterschlupf.

Eine Trockenmauer bringt nicht nur Struktur in den Garten, sondern bietet auch vielfältigen Lebensraum für zahlreiche Tierarten.

Die Trockenmauer – ein Platz an der Sonne

Mauern aus Natursteinen sind als Gestaltungselement in Gärten sehr beliebt. Wurden die Steine mit Mörtel verfugt, sind sie zwar schön anzusehen, für Tiere und Pflanzen aber eine hinderliche Barriere. Zum ökologisch wertvollen Lebensraum wird die Mauer, wenn man die Steine trocken und lose aufeinanderschichtet. Auf diese Weise entstehen unterschiedlich große Hohlräume, die verschiedenen Tieren Unterschlupf, Nist- und Brutplätze bieten. Neben zahlreichen Insekten nutzen vor allem Reptilien wie Blindschleichen, Zaun- und Mauereidechsen die Ritzen als Versteck. Auf den sonnenbeschienenen Steinen können sie auch ihre Körpertemperatur schnell aufwärmen und dann auf die Jagd gehen. Zur Bepflanzung eignen sich unter anderem Fetthennen- und Hauswurz-Arten, Steinbrechgewächse, Ehrenpreis und Thymian. Die ideale Ausrichtung der Trockenmauer verläuft in Ost-West-Richtung.

Ein naturnaher Gartenteich ist eine Oase für Flora und Fauna und besticht durch seine Individualität.

Der Naturteich – Lebenselixier Wasser

Wasser im Garten ist nicht nur für uns Menschen eine Bereicherung. Mit einer naturnahen Anlage und Gestaltung lockt man zahlreiche Insekten, Vögel und Amphibien wie den Teichfrosch in und an den Gartenteich.

Als Mindestgröße für eine stabile Teichlebensgemeinschaft gelten 8–10 qm mit einer Mindesttiefe von 50–60 cm. Die Teichabdichtung erfolgt in der Regel mit Teichfolie.

An klaren Tagen sollte der Teich mindestens 4–6 Stunden von der Sonne beschienen werden. Direkte Nähe zu Laubbäumen ist ungünstig, da herabfallendes Laub unerwünschte Nährstoffe ins Wasser einträgt, die das Algenwachstum fördern. Idealerweise wird der Teich mit einer geschwungenen Uferlinie angelegt und fügt sich so harmonisch ins Gelände ein. Am Rand befindet sich die flache Sumpfzone (0–30 cm tief); die ökologisch interessanteste Flachwasserzone (30–50 cm tief) muss großzügig bemessen sein und möglichst im Norden des Teichs liegen, damit sie von der Sonne beschienen werden kann. Die Tiefwasserzone (50–100 cm) liegt etwa in der Teichmitte. Da sich Sumpf- und Wasserpflanzen schnell ausbreiten, sollte man sich auf einige wenige Exemplare beschränken. Zur Bepflanzung wird ein Bodensubstrat aus Sand oder ein Kies-Sand-Gemisch eingebracht. Auf einen Besatz mit Fischen sollte verzichtet werden.

Mithilfe ihrer ausstülpbaren Schallblasen versuchen Teichfroschmännchen in der Paarungszeit, durch lautes Quaken die Weibchen anzulocken.

DEN NATURGARTEN PFLEGEN

Ein Naturgarten gilt als sehr pflegeleicht, denn viel wird der Natur überlassen. Dennoch sind auch hier ab und zu einige Pflegemaßnahmen nötig, damit es lange blüht und grünt. Da im Naturgarten vorwiegend heimische Pflanzen wachsen, muss er nicht regelmäßig bewässert werden. Die Pflanzen sind an unsere klimatischen Bedingungen angepasst und benötigen nur bei lang anhaltender Trockenheit zusätzlich Wasser – am besten Regenwasser aus der Tonne. Nährstoffgaben erfolgen nur mit Hilfe von Naturdüngern und Kompost. Bei neu angelegten Gärten können Winterschutzmaßnahmen erforderlich sein.

Bodenvorbereitung

Der Boden besteht aus dem Untergrund, der in der Tiefe bis zum Gestein führt, und dem meist dunkleren Oberboden (Mutterboden), der in der Tiefe variieren kann. Eine Schicht von 20–30 cm ist für das Wachstum der Pflanzen und das Bodenleben günstig. Hier finden durch zahllose Kleinstlebewesen laufend Umsetzungsprozesse statt. Um seinen Gartenboden richtig kennenzulernen, sollte man zunächst die Bodenart ermitteln. Ein leichter Boden enthält grobkörnige Sandanteile; die Erde lässt sich nicht formen und rinnt durch die Finger. Er erwärmt sich im Frühling rasch, ist ganzjährig gut zu bearbeiten, hält aber Wasser und Nährstoffe weniger gut. Mittelschwere Böden sind am häufigsten in Gärten anzutreffen, allgemein bezeichnet man sie als Lehmböden. Aus einer Handvoll Erde lässt sich eine Kugel formen. Ein mittelschwerer Boden erwärmt sich langsamer als ein Sandboden, hält aber dafür Wasser und Nährstoffe besser. Bei schweren Böden fühlt sich die Erde schmierig oder seifig an und kann aufgrund des höheren Tonanteils mühelos geformt werden. Auch Tonböden speichern Wasser und Nährstoffe gut. Nachteil ist die schwierige Bearbeitung und die Wartezeit, bis der Boden soweit abgetrocknet ist, dass man ihn hacken, graben oder einebnen kann.

Die Bodenart bestimmt die Auswahl der Pflanzen für den Naturgarten. Hier sollte man ohne große Bodenveränderungen standorttypische, heimische Pflanzen ansiedeln, die sich auf Dauer wohlfühlen. Kein Bodentyp ist besser oder schlechter geeignet; seine Beschaffenheit stellt einfach die natürliche Voraussetzung dar, die man bei der Pflanzung berücksichtigen sollte. Aber selbst im Naturgarten sind einige Wildkräuterarten unerwünscht, wenn sich die geplante Bepflanzung durchsetzen soll. Wurzelwildkräuter werden deshalb sorgfältig ausgelesen.

Wirft man das Laub aus dem eigenen Garten auf den Müll, gehen dem natürlichen Kreislauf viele Nährstoffe verloren. Statt die Blätter zusammenzurechen, kann man sie in vielen Gartenbereichen ruhig liegenlassen oder als Winterschutz um empfindliche Pflanzen aufhäufen.

> **In Deutschland ist es gemäß § 39 Abs. 5 des Bundesnaturschutzgesetzes verboten, Hecken in der Brutsaison vom 1. März bis 30. September zu schneiden oder auf Stock zu setzen, da Nester zerstört werden können. Manche Altvögel, deren Nester nicht dem Schnitt zum Opfer gefallen sind, geben dennoch aufgrund der Störung die Nester auf und ihre Jungvögel müssen qualvoll verhungern.**

Bodenpflege

Herabfallendes Laub, verwelkte Blütenstände und abgestorbene Pflanzenteile können im Naturgarten liegenbleiben. Sie schützen den Boden wie eine Mulchdecke vor Feuchtigkeits- und Temperaturschwankungen. Darüber hinaus versorgen sie ihn mit Nährstoffen. Natürliches Düngen mit Kompost, Hornspänen und Mist stärkt die Pflanzen und versorgt sie mit zusätzlichen Nährstoffen. Karge Böden lassen sich auch mit Gründüngung aufwerten. Hierfür werden Gründüngungspflanzen wie Lupine, Wicke oder Klee ausgesät, die den Boden lockern und ihn mit Humus anreichern. Einige Pflanzen können sogar helfen, Schädlinge fernzuhalten oder den Boden mit Stickstoff oder Nitrat zu versorgen.

Schnitt

Meistens bleiben Sträucher und Hecken in einem Naturgarten freiwachsend und müssen nur gelegentlich ausgelichtet werden, damit sie nicht überaltern. Die beste Zeit zum Schneiden von Wildsträuchern ist während der Vegetationspause zwischen Oktober und März. Kleinsträucher wie Salbei und Lavendel lassen sich auch gut nach der Blüte einkürzen. Viele Gärtner schneiden Stauden nach Ende der Blütezeit bis knapp über dem Boden zurück. Wildstauden brauchen diesen Rückschnitt erst im Frühjahr nach dem Beginn des Austriebs. Die abgestorbenen Stängel stören nicht und sehen im Winter sogar oft schön aus; vor allem bieten sie Insekten einen geeigneten Ort zur Überwinterung. Während der Blütezeit sollten bei höher wachsenden Stauden zur Förderung der Nachblüte verblühte Pflanzenteile herausgeschnitten werden. Bei einigen Polsterstauden kann man nach der Blüte etwa ein Drittel der Triebe einkürzen, damit die Pflanzen buschiger werden.

PFLANZEN FÜR DEN NATURGARTEN

Ein naturnaher Garten ist ein Ort der Veränderung. Pflanzen, die in einem Jahr dominieren, können im darauf folgenden verschwunden sein. Andere wiederum blühen treu und zuverlässig, jedoch nie am selben Platz. Doch gerade in diesem ständigen Wandel liegt der Reiz und Naturgärtner werden mehr und mehr Zeit aufwenden, um das spannende Leben in der Blumenwiese, im Wildstaudenbeet oder am Gehölzrand zu beobachten.

Es spricht nichts dagegen, der Natur ein wenig nachzuhelfen und Wildblumensamen oder Jungpflanzen zuzukaufen. Bei der Auswahl sollte man sich nicht nur nach den persönlichen Vorlieben richten, sondern sich in erster Linie an den Gegebenheiten des Standorts orientieren. Sonst verschwinden viele Arten wieder und die Freude ist nur von kurzer Dauer.

Stauden und Sommerblumen sind schön anzusehen, bringen mit ihren bunten Farben Leben in den Garten und sind ein reich gedeckter Tisch für Insekten. Besonders bewährt haben sich robuste, pflegeleichte, über Jahrhunderte im Bauerngarten kultivierte und an Klima und Standort angepasste Gewächse.

Steinhummel auf Fransenenzian

Eine besondere Stellung nehmen die Kräuter ein. Die meist aus dem Mittelmeerraum stammenden, aromatisch duftenden Küchenhelfer punkten neben ihren kulinarischen Eigenschaften oft auch noch mit einer reichen Blüte, die von vielen Insekten geschätzt wird. Aufgrund ihrer Herkunft bevorzugen sie vollsonnige Plätze mit durchlässigen, mageren Böden.

Bei der Pflanzplanung sollte man nach diesen Kriterien vorgehen:

- Die Pflanzen sollten bevorzugt aus biologischen Gärtnereien stammen. Gibt es keine in der Nähe, lassen sie sich auch über den Versandservice von Wildstaudengärtnereien beziehen.
- Es ist darauf zu achten, dass die Stauden mit den Gegebenheiten des vorgesehenen Standorts zurechtkommen (z.B. sonnig, schattig; trockener oder feuchter Boden).
- Wildstauden wachsen in der Natur und sind nicht durch Züchter- oder Gärtnerhand verändert. Sie sind robust und benötigen daher wenig Pflege. Wohl aber können sie sich stark ausbreiten und gegenseitig verdrängen und müssen dann gelenkt werden.
- Bester Pflanzmonat für langlebige Blumen und Kräuter ist der Mai. Stauden können aber auch zu anderen Jahreszeiten gepflanzt werden, solange es keinen Frost gibt.

1

2

3

4

5

6

7

8

Ob Bienen von einer Pflanze profitieren, hängt unter anderem von der Blüte ab. Viele gezüchtete Pflanzen haben im Unterschied zu ihren wilden Verwandten gefüllte Blüten, die den Bienen den Zugang zur Nahrungsquelle verwehren. Deshalb sollte man auf Blumen mit ungefüllten Blüten setzen.

1 Wegwarte 2 Duftnessel

3 Heckenrose 4 Lavendel

5 Feuerdorn 6 Schwarzer Holunder

7 Kornblume 8 Schafgarbe

DIE BESTEN PFLANZEN FÜR DEN NATURGARTEN

STRÄUCHER

DEUTSCHER NAME	BOTANISCHER NAME	BLÜTE/FRUCHTREIFE	STANDORT
Brombeere	*Rubus fruticosus*	weiß, Mai – August; blauschwarz, August/September	vollsonnig; humusreicher, durchlässiger Boden
Feuerdorn	*Pyracantha-coccinea*-Hybride	weiß, Mai/Juni; orangerot, August/Sepember	sonnig bis halbschattig; lehmiger Boden
Gemeine Berberitze	*Berberis vulgaris*	gelb, April – Juni; leuchtend rot, ab September	sonnig bis halbschattig; leicht feuchter Boden
Gemeiner Liguster	*Ligustrum vulgare*	grünlich, Juni/Juli; schwarz, August – Oktober	sonnig bis halbschattig; nährstoffreicher Boden
Gemeiner Wacholder	*Juniperus communis*	grünlich, April/Mai; blauschwarz, August – Oktober	sonnig bis halbschattig; trockener Boden
Hartriegel	*Cornus*	weiß, Mai/Juni; blau, ab September	sonnig; kalkfreier, durchlässiger Boden
Heckenrose	*Rosa canina*	rosa, rot, Juni/Juli; Hagebutten, ab August	sonnig bis halbschattig; humusreicher Boden
Heidelbeere	*Vaccinium myrtillus*	grün-weiß, Mai/Juni; blauschwarz, ab Juli	halbschattig; humoser, sandiger Boden
Sanddorn	*Hippophae rhamnoides*	gelblich, April/Mai; orangerot-gelb, ab September	sonnig; humusreicher, durchlässiger Boden
Schlehe	*Prunus spinosa*	weiß, April/Mai; blauschwarz, ab Oktober	sonnig; trockener, kalkhaltiger Boden
Schwarzer Holunder	*Sambucus nigra*	cremeweiß, Mai – Oktober; schwarzrot, ab August	sonnig bis halbschattig; nährstoffreicher Boden
Schwarze Johannisbeere	*Ribes nigrum*	grünlich-gelb, April/Mai; schwarz, ab Juni	sonnig; humoser, nährstoffreicher Boden
Vogelbeere	*Sorbus aucuparia*	weiß, Mai/Juni; rot, ab September	sonnig bis halbschattig; trockener bis frischer Boden
Weißdorn	*Crataegus*-Arten	weiß Mai/Juni; rot, ab September	sonnig bis halbschattig; nährstoffreicher Boden

STAUDEN

DEUTSCHER NAME	BOTANISCHER NAME	BLÜTE	STANDORT
Duftnessel	*Agastache foeniculum*	hellblau, Juli – September	vollsonnig; gedeiht in jedem Boden
Gewöhnliche Akelei	*Aquilegia vulgaris*	violett, rosa, weiß-blau, Mai/Juni	halbschattig; humoser, kalkhaltiger Boden
Gewöhnlicher Sonnenhut	*Rudbeckia fulgida*	goldgelb, Juli – Oktober	sonnig; nährstoffreicher, frischer Boden
Glockenblume	*Campanula*	glockig, lilablau, weiß, Juni – August	sonnig bis halbschattig; humoser, frischer Boden
Katzenminze	*Nepeta*	hellviolett bis lilablau, Juni – September	vollsonnig, lockerer, durchlässiger Boden
Kornblume	*Centaurea cyanus*	leuchtend blau, Juni – Oktober	sonnig bis halbschattig, nährstoffreicher humoser Boden
Kugeldistel	*Echinops*	metallisch blau oder silberweiß, Juni – August	vollsonnig, gut durchlässiger Boden
Lavendel	*Lavandula angustifolia*	dunkel- bis violettblau, Juni – September	sonnig, durchlässiger, kalkhaltiger Boden
Löwenzahn	*Taraxacum officinale*	tellerförmig, gelb, April – Mai	sonnig bis halbschattig; nährstoffreicher, humoser Boden
Roter Fingerhut	*Digitalis purpurea*	rosa bis purpurfarben, Juni – August	halbschattig; humusreicher Boden
Salbei	*Salvia officinalis*	blauviolett, Mai – August	sonnig; durchlässiger, kalkhaltiger Boden
Schmuckkörbchen	*Cosmos bipinnatus*	Zungenblüten rosa bis violett, weiß, Juli – Oktober	sonnig; durchlässiger, nicht zu nährstoffreicher Boden
Wegwarte	*Cichorium intybus*	himmelblau, Juli/August	sonnig; trockener, leicht saurer Boden
Wiesen-Margerite	*Leucanthemum vulgare*	Zungenblüte weiß, Mai – Oktober	sonnig, gedeiht in jedem Boden
Wiesen-Schafgarbe	*Achillea millefolium*	Zungenblüten weiß, rosa, rot, Juni – Oktober	sonnig; nährstoffreicher, durchlässiger Boden

NÜTZLING ODER SCHÄDLING?

Im Bauplan der Natur erfüllt jedes Tier seine Rolle. Allein der Mensch fragt nach Sinn und Zweck und hat die Begriffe „Nützling" und „Schädling" geprägt. Diese Einteilung ist biologisch jedoch nicht sinnvoll. Der ökologisch erfahrene Gärtner versteht unter Nützlingen alle Tiere, die ihm bei der Gartenarbeit von Nutzen sind wie Marienkäfer, Ohrwürmer, Hornissen, Florfliegen, Schweb- und Raupenfliegen. In der Regel sind sie die natürlichen Feinde der Pflanzen- und Tierschädlinge. Dabei unterscheidet man Räuber und Parasiten – Lebewesen, die in irgendeiner Weise von einem Wirt abhängig sind. Erstere vertilgen Beutetiere, letztere fressen Wirtstiere von innen auf. Der Laufkäfer ist ein typischer Räuber, die Schlupfwespe ein klassischer Parasit.

Unter dem Begriff „Lästling" fasst man Insekten und wirbellose Tiere wie Asseln oder Wespen zusammen, die ohne gefährlich zu sein allein durch ihre Anwesenheit stören, sie werden auch als „Ungeziefer" bezeichnet.

Den Schädlingen werden kollektiv alle Organismen zugerechnet, die den wirtschaftlichen Ertrag in der Landwirtschaft und Forstwirtschaft (Vorrats- und Holzschädlinge) einschränken. Der Gärtner nimmt aufgrund von Fraßschäden an Nutz- und Obstpflanzen und Befall an Blütenpflanzen vor allem Insekten als Schädlinge wahr. Zu den häufigsten Schädlingen gehören Blattläuse, Spinnmilben und Schmetterlingsraupen.

Die Raupen des Kohlweißlings befallen alle Arten von Kohl.

Die Raupen des Kleinen Fuchses ernähren sich fast ausschließlich von Brennnesseln.

Die Hälfte der in einem artenreichen Garten vorkommenden Tierarten lässt sich weder den Nützlingen noch den Schädlingen zuordnen, erfüllt für das ökologische Gleichgewicht jedoch eine wichtige Aufgabe. Zu ihnen zählen einige Heuschrecken wie das Grüne Heupferd. Auch viele Schmetterlingsarten gehören zu dieser Gruppe, da sie in geringer Zahl keine Schäden anrichten und zur Bestäubung von Blütenpflanzen beitragen. Ihre Raupen dienen verschiedenen Vogelarten bei der Jungenaufzucht als Nahrung.

Bei den Nützlingen darf man auch die große Zahl der im Boden lebenden Kleintiere wie Springschwänze nicht außer Acht lassen. Sie ernähren sich überwiegend von abgestorbenem pflanzlichem oder anderem organischem Material. Als kleine Humusbildner tragen sie wesentlich zur Verbesserung des Bodens bei.

Ameisen sind meist überhaupt nicht gern gesehen, aber als Gesundheitspolizei und Müllabfuhr im Garten nützlich. Sie beschützen zwar Blattläuse vor ihren Feinden, da sie deren zuckerhaltige Ausscheidungen, den Honigtau lieben. Andererseits verzehren sie pflanzenfressende Insekten wie Blattkäferlarven und Falterraupen. Ameisen lassen sich auf natürliche Weise mit Duftsignalen vertreiben, wie sie von Lavendel, Rainfarn und Wermut ausgehen.

INSEKTENHOTELS UND ANDERE NÜTZLINGSQUARTIERE

Durch die Vernichtung von Freiflächen mit Blütenpflanzen, durch extensive Landwirtschaft und den Einsatz verschiedener Pflanzenschutzmittel sind wichtige natürliche Lebensräume zerstört worden. Vor allem für Wildbienen wird es immer schwieriger, einen passenden Ort zum Nisten und Überwintern zu finden. Aber ohne Bienen, Hummeln, Schmetterlinge, Raupen- und Florfliegen werden Blumen, Obstgewächse und Gemüse nicht bestäubt und der Schädlingsbefall nicht auf natürliche Weise reguliert.

Viele Arten brauchen Baumhöhlen, Bohrgänge in abgestorbenem Holz oder Erdlöcher für ihre Nester. In der Natur werden die Bohrgänge durch Käfer erzeugt, in angelegten Gärten fehlen diese natürlichen Nist- und Überwinterungsmöglichkeiten. Abhilfe können Insektenhotels und Nisthilfen für weitere kleine Gartenbewohner und -helfer schaffen.

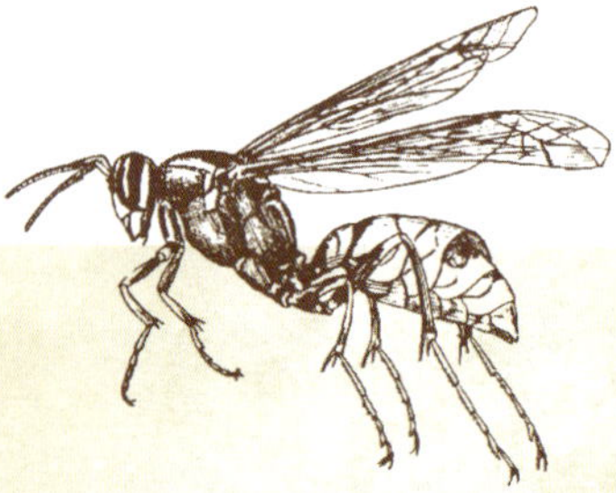

WAS IST EIN INSEKTENHOTEL?

Gemeint ist ein künstlich geschaffener Nist- und Überwinterungsplatz für bestimmte Insekten, die dem Gärtner bei seiner Arbeit von Nutzen sind. Insektenhotels können klein oder groß sein und freistehend platziert oder hängend an Bäumen und Hauswänden angebracht werden. Der Name bezieht sich auf die aus mehreren Etagen bestehende Bauart, die von oben durch einen dachartigen Überstand geschützt wird. In das Insektenhotel können einzelne Insekten einziehen und das ganze Jahr ein Zimmer „mieten". In dieser Zeit entwickeln sich die von ihnen abgelegten Eier zu erwachsenen Insekten. Den bei uns beheimateten Insektenarten, die kaum noch natürliche Lebensräume finden, soll so eine Möglichkeit zur Brutaufzucht und Überwinterung geboten werden. Zugleich tragen diese Behausungen zum Natur- und Bestandsschutz bei, fördern das ökologische Gleichgewicht und gewähren interessante Einblicke in die Lebensweise unterschiedlicher Spezies. Denn nicht nur Hummeln und Wildbienen, Schlupf-, Grab- und Brackwespen lassen sich hier beobachten. Auch Flor- und Schwebfliegen, Raub- und Marienkäfer, Ohrwürmer und Schmetterlinge nehmen diese Wohnstätten gerne an. Ein fertiges Insektenhotel bekommt man überall im Fachhandel, wahlweise zum Aufstellen oder Aufhängen. Wer sein Insektenhotel selbst bauen möchte, kann bei Naturschutzverbänden ausführliche Bauanleitungen erhalten; ein Modell stellen wir auf Seite 30/31 vor.

DER RICHTIGE STANDORT

Soll ein Insektenhotel nicht nur ein Element in der Gartengestaltung sein, sondern wirklich unterschiedlichen Nützlingen einen neuen Nistplatz bieten, ist vorab einiges zu bedenken. Man wird vergeblich auf Besuch und Besiedelung der Unterkunft warten, wenn es in der näheren Umgebung nur sterile Grünflächen gibt oder Bäume und Sträucher fehlen. Nur einheimische Blumen, Sträucher, Bäume und Pflanzen, Wildkräuter und Wiesenblumen bieten den fliegenden Gästen genügend Nahrung, um sie am Standort zu halten. Optimal ist ein durchweg naturnah gestalteter Garten *(siehe dazu Kapitel „Naturgarten anlegen").*

Da Insekten Wärme mögen, sollte das Insektenhotel möglichst nach Süden oder Südosten ausgerichtet sein. Auch sollte es wind- und regengeschützt aufgestellt oder aufgehängt werden, denn für Insektenlarven und -eier ist nichts schlimmer als Nässe: Die Behausung und damit auch ihre Bewohner könnten von Schimmel befallen werden. Deshalb ist es auch wichtig, dass das Insektenhotel nicht auf dem Boden steht (Bodennässe), sondern etwas erhöht angebracht wird. Entscheidend ist auch, dass es nicht kippelt oder schwankt. Bei der Aufhängung an einer Holzwand ist eine direkte Verschraubung in die Rückwand möglich. Oft aber müssen Haken in Mauern oder Bäumen angebracht werden. Ein gespannter Draht oder vorgebohrte Löcher auf der Rückseite des Insektenhauses dienen dann der Aufhängung an den Haken. Dabei ist darauf zu achten, dass durch die Schrauben und Haken die vorgesehenen Nistplätze nicht eingeschränkt oder beschädigt werden. Insekten brauchen zudem eine freie Einflugschneise. Ein Platz direkt hinter einem Baum oder Strauch eignet sich deshalb nicht als Standort.

Auch wenn Insektenhotels mit ihren unterschiedlichen Räumen für die Anwesenheit verschiedener Insekten geplant sind, so scheinen sich vor allem die Wildbienen darin heimisch zu fühlen, weshalb man gelegentlich auch den Begriff „Bienenhotel" verwendet.

Bei der direkten Verschraubung an eine Holzwand dürfen die Niströhren nicht beschädigt werden.

Bei der Einteilung der Fächer und deren Füllung ist auch Kreativität gefragt.

INSEKTENHOTEL ZUM AUFHÄNGEN SELBST BAUEN

Wer wenig handwerkliches Geschick oder Zeit hat, kann ein fertiges Insektenhotel in vielen Größen und Formen im Gartenfachhandel kaufen. Individueller und meist dekorativer sind selbst gebaute Modelle. Vor allem wenn Kinder mit von der Partie sind, wird dies zu einem echten Erlebnis und der Nachwuchs spielerisch an den Naturschutz herangeführt. In beiden Fällen sollte man jedoch auf Qualität in der Verarbeitung und bei der Materialauswahl achten.

Um weitere Begrenzungen in den einzelnen Abteilen zu schaffen, kommen Hohlziegel, Röhren oder Blumentöpfe zum Einsatz. Diese werden dann mit Schilfhalmen, hohlen Pflanzenstängeln, Baumscheiben und Lehmziegeln mit Löchern, Ästen und Zweigen, Steinen und Holzwolle befüllt – der Fantasie sind hier praktisch keine Grenzen gesetzt. Mit der folgenden Bauanleitung lässt sich mit wenig Aufwand und etwas Geschick ein optimales Insektenquartier einrichten.

Das wird benötigt:

- > Spanplatte, wasserfest, 10–13 mm stark (Breite unten 55 cm, Seitenhöhe 50 cm, Giebelhöhe mittig 60 cm)
- > Massivholz, 18 mm stark: 5 Bretter 12 x 50 cm und 2 Bretter 20 x 34 cm
- > Dachpappe
- > selbstschneidende Holzschrauben (50 oder 60 mm)
- > Schraubendreher
- > Akkuschrauber
- > Handtacker
- > Bohrmaschine mit verschiedenen Holzbohrern
- > für die Füllung siehe Seite 33

Das Material für das Insektenhotel muss naturbelassen, frei von Pestiziden, Lack und Lösungsmitteln sein und darf nicht mit Holzschutz oder Imprägnierung vorbehandelt werden. Die Holzteile kann man im Baumarkt besorgen und sich dort auch bereits auf die gewünschten Maße zurechtschneiden lassen.

- Die langen Bretter dienen als **Bodenplatte**, **Seitenteile** und **Zwischenböden**.
- Die beiden kurzen Bretter werden als **Dachplatten** verwendet. Dafür Dachpappe zuschneiden und darauftackern.
- Die Spanplatte bildet die **Rückwand.**

So geht's:

- Zuerst werden die Bodenplatte und die Seitenteile sowie diese mit den Zwischenfächern verschraubt. Die Abstände der Zwischenfächer richten sich nach dem Füllmaterial (Ziegelsteine, Baumscheiben, Stroh etc.).
- Anschließend verbindet man Bodenplatte, Seitenteile und Zwischenfächer mit der Rückwand. Auch die mit Dachpappe verkleideten Dachplatten können nun auf der Rückwand und den Seitenteilen befestigt werden.
- Das fertige Gerüst lässt sich jetzt mit zwei Holzschrauben oder Schraubenhaken an einer wind- und wettergeschützten Holzwand aufhängen.

Die Füllung:

Im untersten Fach unseres selbstgebauten Insektenhotels (Abb. Seite 30) liegen zwei Lochziegel, in der nächsten Abteilung drei Holzrundlings-Scheiben mit Löchern (Durchmesser 6–12 mm, nicht ganz durchbohren). Dazwischen trockenes Heu und Stroh auslegen. Das obere Fach kann mit Schilfhalmen und hohlen Pflanzenstängeln ausgefüllt werden. Das mittlere Fach ist mit einem Holzbrett mit Löchern (4–6 mm) versehen. Hier können Wespen ihre Nester anlegen. Damit Vögel nicht lose Teile aus dem Insektenhaus stibitzen können, deckt man die gesamte Front mit einem grobmaschigen Hasengitter ab.

Mit einer Drahtbürste kann man Naturholz aus dem Wald von Schmutz, Flechten und Moos befreien.

Insektenhaus mit einer Füllung aus Tannenzapfen, angebohrten Baumscheiben und Rindenstücken

Das Insektenhotel im Jahresverlauf

Da die ersten Gäste schon im März einziehen, ist dies der beste Zeitpunkt, ein Insektenhaus zu installieren. Im Verlauf des Frühjahrs und Sommers werden vor allem verschiedene Wildbienenarten die Niströhren nutzen, um ihre Eier darin abzulegen. Aber auch bei schlechter Witterung oder als Ort für die Überwinterung wird die Nisthilfe gerne von ihnen genutzt. Im Winter bleibt das Insektenhotel ganz einfach an seinem angestammten Platz, es darf auf keinen Fall ins Warme gebracht werden. Denn die darin überwinternden Insekten und sich entwickelnden Larven sollen erst Wärme spüren, wenn der Frühling kommt, um dann aus ihrem Versteck zu kriechen.

In der Regel muss die Füllung eines Insektenhotels nicht komplett ausgetauscht werden. Wichtig ist, dass die Füllmaterialien immer fest sitzen, denn hin und wieder stibitzen Vögel Tannen- und Kiefernzapfen, Stroh oder Schilfrohrhalme aus dem Insektenhaus. Die Füllung sollte deshalb regelmäßig überprüft werden. Nur so lässt sich verhindern, dass sich die Gäste von der angebotenen Bleibe wieder abwenden. Entstandene Lücken kann man im Frühjahr wieder auffüllen.

Spinnen ernähren sich von Insekten. Weil sie in der Nähe eines Insektenhotels reiche Beute vermuten, bauen vor allem Kreuzspinnen gerne ihre Radnetze direkt in die Einflugschneise. Frisch geschlüpfte Bienen und Wespen können also schon bei ihrem ersten Flug Opfer einer hungrigen Spinne werden. Ein Insektenhotel sauberhalten heißt deshalb in erster Linie, es regelmäßig von vorhandenen Spinnweben zu befreien. Darüber hinaus sind kaum Pflegemaßnahmen nötig. Beschädigte Elemente lassen sich im Vorfrühling, ehe die ersten Mieter einziehen, austauschen.

Auf die Einrichtung kommt es an

1

2

3

4

5

1 Baumscheiben mit zum Teil bereits verschlossenen Legeröhren

2 Selbst gebautes Insektenhotel aus Brettern mit Lochsteinen, Strohbündeln, Bruchsteinen und einer Matte aus Heidekraut

3 Die Füllung dieses geräumigen Insektenhotels (Ziegelsteine, Strohhalme, Tannenzapfen und Aststücke) bietet Komfort für jeden Gast!

4 In ein Rindenstück gebohrte Nisthöhlen für Wildbienen

5 An einem sonnigen Platz aufgeschichtete, mit Mauerpfeffer und Steinbrech bewachsene Steine bieten eine ideale Wohnstätte für Eidechsen.

6 Selbst gebautes Insektenhaus mit einer Füllung aus Tannenzapfen, Holzwolle und Baumstämmen

7 Dieses Luxushotel in einem Park in Colmar wird von vielen unterschiedlichen Insekten besucht.

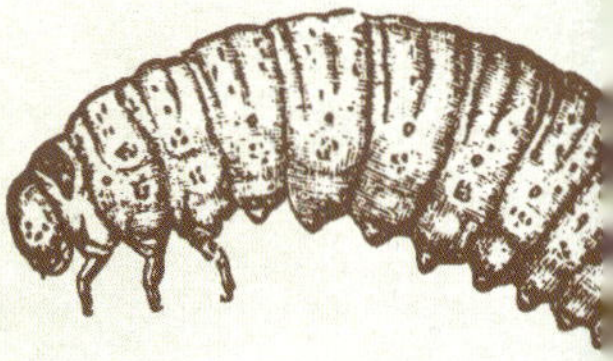

DER OHRWURMTOPF

Ohrwürmer vertilgen mit großem Appetit Blattläuse, Spinnmilben und kleine Raupen. Ein mit Stroh gefüllter Topf bietet den nützlichen Tierchen ein kuscheliges Schlafquartier. Die Töpfe werden ab Anfang Mai bis in den Spätherbst hinein besiedelt. Am besten hängt man sie in von Blattläusen befallenen Bäumen an wind- und regengeschützten Plätzen auf. In Gemüsebeeten kann man die Töpfe einfach über einen kurzen Stock stülpen.

Das wird benötigt:

> Tontopf mit Loch
> Holzwolle (alternativ Moos, stroh, Heu)
> 2 Holzstücke
> Schnur

So geht's:

- Die Holzstücke mit der Schnur über Kreuz verknoten. Das andere Ende der Schnur durch das Loch im Topf führen.
- Die Holzstücke sollen sich innen am Topfrand verkeilen, dann lässt sich der Topf an der Schnur aufhängen.
- Nun das Füllmaterial hineingeben. Nicht zu dicht packen, um genügend Freiraum zu lassen. Durch das Holzkreuz kann die Füllung nicht herausfallen.
- Den Topf jetzt direkt an einem Ast aufhängen und befestigen.

Ohrwürmer wollen ihren Unterschlupf bequem zu Fuß erreichen, sie brauchen also immer einen ungehinderten Zugang. Da sie nicht an einer frei hängenden Schnur klettern, müssen die Töpfe so aufgehängt werden, dass sie direkten Kontakt zum Stamm, Ast oder Stab haben.

EIN WINTERQUARTIER FÜR IGEL

Ende Oktober, spätestens Mitte November gehen Igel in den Winterschlaf. Er dauert etwa vier Monate und wird nur ab und zu unterbrochen, denn er hängt nicht von der Jahreszeit, sondern der Temperatur ab. Zwischen 12 und 6 °C verfällt der Igel in einen Dämmerschlaf – die Phase, in der er die meiste Energie benötigt. Einerseits findet er kaum noch Nahrung, andererseits ist seine Herzfrequenz noch recht hoch. Einzig Nüsse und Fallobst liefern dem Insektenfresser jetzt noch Energie. Sind dann die Temperaturen für den Winterschlaf erreicht, entleert der Igel seinen Darm und rollt sich in seinem Versteck zu einer Kugel zusammen. Wird er bei dauerhaft niedrigen Temperaturen noch aktiv aufgefunden, braucht er Hilfe, um über den Winter zu kommen.

Schon ein kleiner, stabiler Zugang zu einem Laubhaufen bietet dem Igel ein festes Rückzugs- und Winterdomizil.

Eine Igelburg bauen

Der Igel braucht im Winter einen trockenen und sicheren Unterschlupf. Die natürlichste Lösung ist, dafür in einer ruhigen und geschützten Gartenecke einen Platz dauerhaft zu reservieren. Das kann ein Laubhaufen, ein loser Holzstapel oder ein eigens vorbereitetes Igelquartier sein.

Eine Igelburg gleicht einem Iglu aus Ästen und Laub, das sich relativ einfach aus den im Garten vorhandenen Materialien (Gehölzschnitt, Reisig, Rinde, Steine) anlegen lässt. Man errichtet daraus eine Kuppel mit einem Hohlraum und einem befestigten Zugang. Vorab aber muss der Boden, auf dem die Igelburg stehen soll, mit Sand oder Holzbrettern ausgelegt und befestigt werden, sodass der Hohlraum keinen direkten Kontakt mit dem Untergrund hat und vor Bodennässe geschützt ist. Darüber werden rundum Äste (60–70 cm lang) aufgestellt. Den so entstandenen Innenraum legt man mit Laub und Stroh aus. Zuletzt werden Zweige als Dach aufgelegt und mit einer dicken Laubschicht abgedeckt. Einige darüber gelegte Äste verhindern, dass das Laub vom Wind davongetragen wird. Die fertige Igelburg ist etwa 80 cm hoch. Der Innenraum kann je nach den Gegebenheiten vor Ort im Durchmesser variieren. Der Eingang sollte zur wetterabgewandten Seite hin, also nach Süd/Ost ausgerichtet und möglichst für andere Tiere unzugänglich sein. Von außen lässt sich der Unterschlupf mit Grassoden, Reisig oder Borke isolieren. Wer sich diesen Aufwand ersparen, den Igeln aber dennoch helfen möchte, für den bietet der Gartenhandel kleinere Fertig-Iglus an, die man nur noch an einen geschützten Platz im Garten setzen muss.

NISTHILFEN FÜR VÖGEL

Ein naturnaher und mit struktureller Vielfalt angelegter Garten bietet die besten Voraussetzungen dafür, dass sich viele Vogelarten als regelmäßige Gäste einfinden. Einladend wirken vor allem Hecken, Strauchgruppen und Bäume, doch auch blattreiche Kletterpflanzen wie Wilder Wein und Efeu werden gerne angenommen. In solch einem Garten finden die Vögel genügend Nahrung und Zufluchtsstätten für den Bau ihrer Nester und die Aufzucht ihrer Jungen. Der Mangel an natürlichen Brutmöglichkeiten vor allem für höhlenbrütende Vögel lässt sich mit Nistkästen im Garten entscheidend lindern. Sie können zwar die natürlichen Schlupfwinkel wie Spechthöhlen, ausgefaulte Astlöcher oder Rindenspalten nicht ersetzen, bieten jedoch oft die einzige Chance, bestimmte Arten zum Brüten in den Garten zu locken und dadurch auch zu ihrem Überleben beizutragen. Nistkästen kann man entweder selbst aus Holz bauen oder im Gartenfachhandel besorgen. Beim Aufhängen ist darauf zu achten, dass Katzen oder Marder keinen Zugang finden. Das Flugloch sollte nach Osten gerichtet sein, also nicht zur Schlechtwetterseite.

Blaumeise am Nistkasten

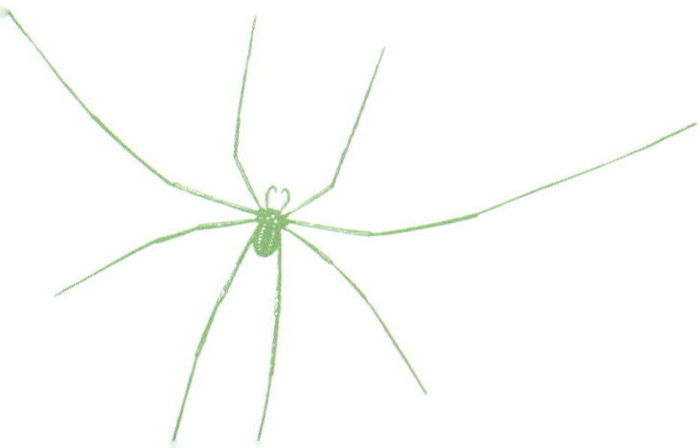

EINEN MEISEN-NISTKASTEN BAUEN

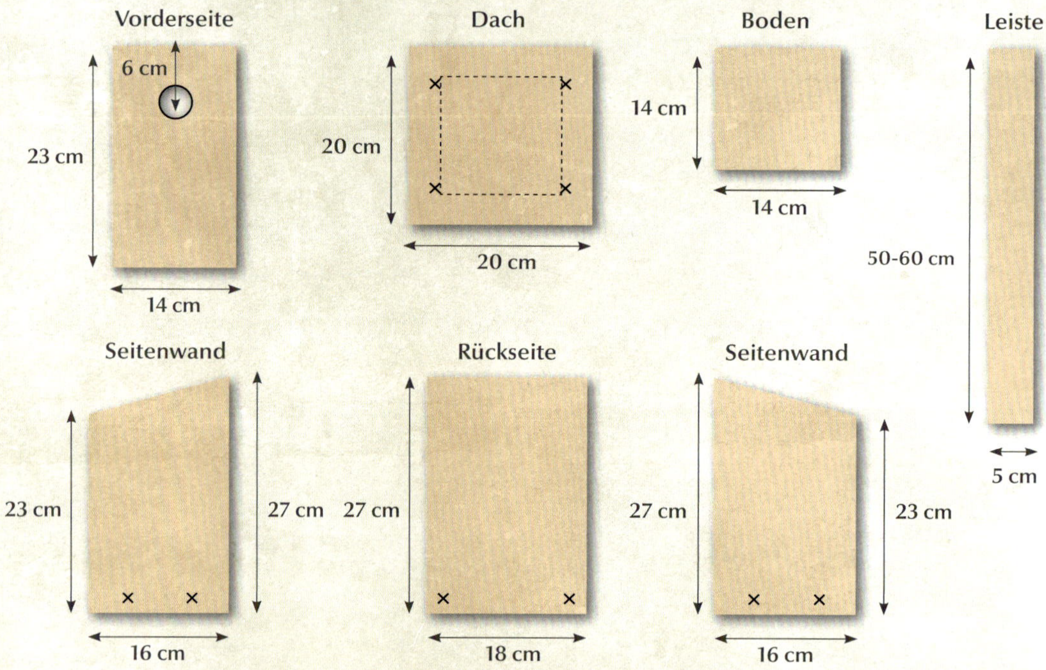

Bauplan Meisen-Nistkasten

Das wird benötigt:

- Fichten- oder Tannenholzbretter aus dem Baumarkt, unbehandelt, 2 cm stark (Maße siehe Skizze)
- 25 Nägel (4–5 cm)
- Hammer
- Holzbohrer
- Raspel
- Bleistift
- Stichsäge

So geht's:

- Zuerst werden die Bretter auf die im Bauplan angegebenen Maße zurechtgeschnitten. Dafür zeichnet man die Silhouetten mit einem Bleistift vor und sägt sie dann mit der Stichsäge aus.

- Dann raut man die Außen- und Innenseiten der Bretter auf, damit die Jungvögel später besser das Nest verlassen können. Es empfiehlt sich, den Kasten einmal locker ohne Nägel zusammenzusetzen, um zu sehen, ob alle Teile wirklich zueinander passen.

- Anschließend zeichnet man das Einflugloch mit dem erforderlichen Durchmesser von etwa 28 mm auf und bohrt es in die Vorderseite. Diese wird nur an den oberen Enden an den Seitenwänden festgenagelt, sodass sich die Wand nach oben klappen lässt, um den Kasten zu reinigen.

- Nun nagelt man die Seitenwände an Rückwand und Boden fest und setzt die Deckplatte auf. Nochmals überprüfen, dass die Vorderwand beim Hochklappen nicht vom Dach blockiert wird.

- Die Leiste zum Aufhängen des Kastens wird mittig auf der Rückseite angebracht. Der Kasten sollte 2–4 m über dem Boden aufgehängt werden.

- Bis spätestens Mitte März muss das neue Heim bezugsfertig sein. Einmal jährlich (idealerweise September/Oktober) sollte es gereinigt werden.

Nistkästen für Halbhöhlenbrüter

Während viele Vogelarten vorwiegend in geschlossenen Nistkästen brüten, bevorzugen Gartenrotschwanz, Hausrotschwanz, Rotkehlchen, Grauschnäpper und Amsel halb offene Nistkästen (Halbhöhlen), da sie beim Brüten und bei der Aufzucht ihres Nachwuchses die Umgebung immer gut im Auge behalten wollen.

Nistkästen für diese Halbhöhlen- oder Nischenbrüter hängt man an windgeschützten und ruhigen Plätzen, etwa in 2–3 m Höhe (nicht höher) auf. Der große, offene Eingang muss vor Wettereinflüssen wie Regen und direktem Sonnenlicht sowie vor Katzen geschützt sein. Halbhöhlen-Nistkästen lassen sich auch gut direkt unter dem Hausdach in Nischen, Winkeln und unter Vorsprüngen anbringen. Sie sollten häufiger gereinigt werden, da Halbhöhlen-Brüter mehrmals im Jahr brüten können.

DIE WICHTIGSTEN NÜTZLINGE IM PORTRÄT

Im folgenden Kapitel werden die wichtigsten Nützlinge vorgestellt, die dem Hobbygärtner zwar durch häufige Begegnungen bekannt sind, er aber vielleicht noch nicht als solche wahrgenommen hat. Die Vielzahl vor allem der Insekten führt vor Augen, wie wirkungsvoll eine natürliche Schädlingsabwehr im Garten ist.

Die nachfolgenden Porträts sollen dabei helfen, Nützlinge zu erkennen, ihre Bedeutung für die Abwehr von Schädlingen realistisch einzuschätzen, ihre Lebensweise zu verstehen sowie sie zu fördern und zu schonen.

Plattbauch *Libellula depressa*

Kennzeichen: Der 4–5 cm lange Hinterleib ist abgeflacht, beim Männchen blaugrau bereift mit gelben Flecken an den Seiten, beim Weibchen gelblich-braun gefärbt; die 4 Flügel sind länger als breit und werden in Ruhestellung seitlich abgespreizt.

Lebensweise: Ausgewachsene Libellen ernähren sich wie ihre Larven von kleinen Insekten, vorzugsweise Mücken und Fliegen. Nach der Paarung wirft das Weibchen die Eier im Flug in bewachsene Gewässerränder. Nach rund 1 Monat schlüpfen Larven; ihre Entwicklung dauert 2 Jahre, die sie vollständig im Wasser verbringen.

Interessantes: Droht der Teich auszutrocknen, vergraben sich die Larven im Schlamm und können dort mehr als 1 Monat lang in einer Art Trockenschlaf ausharren.

ANSIEDLUNG UND NUTZEN

Plattbauchlibellen bevorzugen klare, pflanzenarme Teiche mit schlammigem Untergrund. Ragen vom Ufer Äste oder Pflanzenhalme über die Wasserfläche, wählen sie diese gerne als Ansitz, um dort auf anfliegende Insekten zu lauern, und verhindern somit ein vermehrtes Aufkommen von Mücken.

Hufeisen-Azurjungfer *Coenagrion puella*

Kennzeichen: Körperlänge 3,5 cm, Flügelspannweite 4,5–5 cm; Männchen hellblau, mit einer schwarzen, hufeisenförmigen Zeichnung auf dem zweiten Hinterleibssegment, Weibchen meist grünlich mit oberseits fast durchgehend schwarzem Hinterleib.

Lebensweise: Paarung und Eiablage erfolgen auf verschiedensten Wasserpflanzen. Oft findet man viele Paarungsräder (siehe Foto) gleichzeitig bei der Eiablage. Die Eier entwickeln sich innerhalb von 2–5 Wochen, die Larven überwintern im Wasser. Anfang Mai bis Ende August schlüpfen die fertigen Libellen.

Interessantes: Bei der Eiablage verankert sich das Männchen mit den Hinterleibsanhängen an der Vorderbrust des Weibchens und steht steif und aufrecht mit angezogenen Beinen über der Partnerin.

ANSIEDLUNG UND NUTZEN

Um die Hufeisen-Azurjungfer dauerhaft im Garten anzusiedeln, ist ein fischfreier und pflanzenreicher Teich von Vorteil. Seine Bepflanzung sollte variabel gestaltet sein und auch einige höhere Pflanzen als Ansitze für die Beutejagd (Mücken und kleine Insekten) enthalten.

Grünes Heupferd *Tettigonia viridissima*

Kennzeichen: Der 3–4 cm lange Körper ist leuchtend grün, am Rücken oft braun gefärbt; die in Ruhestellung über dem Körper zusammengefalteten Flügel ragen weit über den Hinterleib hinaus, der beim Weibchen mit einer säbelartig gekrümmten Legeröhre endet. Trotz der langen Flügel fliegen Heuschrecken nur kurze Strecken von bis zu 100 m.

Lebensweise: Das Grüne Heupferd ist tag- und nachtaktiv; Ende des Sommers zur Paarungszeit hört man es von Mittag bis Mitternacht singen (zirpen). Nach einer mit bis zu 45 Minuten recht langen Begattungszeit legt das Weibchen etwa 70–100 Eier in den Boden.

Interessantes: Manchmal klettern die Tiere auch in Baumkronen und halten sich dort längere Zeit auf, sodass man sie jeden Abend an der gleichen Stelle zirpen hören kann.

ANSIEDLUNG UND NUTZEN

Das Grüne Heupferd braucht hohes Gras, Sträucher und Bäume als Jagdrevier und Zufluchtsort. Es ernährt sich von kleinen Insekten, Raupen und Fliegenlarven. Die Junglarven fressen gerne Blattläuse, sind also sehr nützliche Gartenbewohner.

Gemeiner Ohrwurm *Forficula auricularia*

Kennzeichen: Der etwa 2 cm lange Körper ist rotbraun; die Flügel sind deutlich verkümmert und eignen sich nur bedingt zum Fliegen; charakteristisch sind die nach innen gebogenen Zangen am Ende des Hinterleibs.

Lebensweise: Der Ohrwurm ist ein nachtaktives und lichtscheues Insekt. Er fühlt sich in einer feuchten, warmen Umgebung wohl und ist häufig unter Steinen, Brettern, in Mauerspalten oder in Laubhaufen zu finden. Die Weibchen legen im Herbst und Winter ihre Eier in Baumrinden oder Erdhöhlen ab.

Interessantes: Die Weibchen betreiben eine hoch entwickelte Brutfürsorge. Nach der Ablage der Eier werden diese von ihnen bewacht und gegen Feinde verteidigt. Ein regelmäßiges Wenden und Belecken verhindern die Austrocknung.

ANSIEDLUNG UND NUTZEN

Als Unterschlupf für die Tiere im Garten eignen sich große, flache Steine oder Totholzhaufen. Da ihnen auch Blattläuse und Raupen als Nahrungsquellen dienen, gelten sie unter Gärtnern als Nützlinge.

Siebenpunkt-Marienkäfer *Coccinella septempunctata*

Kennzeichen: Der 5–8 mm lange Körper ist fast halbkugelförmig; Kopf und Brust sind schwarz mit weißen Flecken; die harten, orange bis kräftig rot gefärbten Flügeldecken tragen 7 schwarze Punkte.

Lebensweise: Larven und Käfer sind dort zu finden, wo ihre Lieblingsnahrung vorkommt: Blatt- und Schildläuse. Die erwachsenen Käfer überwintern meist in Gruppen am Boden unter Steinen, im Laub oder an Pflanzen am Rand des Gartens. Im Frühling und Sommer ziehen sie auf Beutesuche oft von einem Standort zum nächsten.

Interessantes: Bei Gefahr stellen sich Marienkäfer tot. Sie lassen sich dann fallen und rühren sich nicht mehr vom Fleck. Den gleichen Reflex zeigen sie, wenn man sie in die Hand nimmt.

ANSIEDLUNG UND NUTZEN

Um Marienkäfer im Garten zu halten, lässt man eine Ecke mit Wildwuchs vor allem mit Brennnesseln stehen. Im Herbst sollte unter den Hecken nicht zu ordentlich aufgeräumt werden. Die Larve kann während ihrer Entwicklung bis zu 400 Blattläuse vertilgen, der erwachsene Käfer pro Tag bis zu 200.

Goldlaufkäfer *Carabus auratus*

Kennzeichen: Der Körper ist 2,5–3 cm lang; Kopf, Halsschild und Flügeldecken schimmern metallisch grün-gold, Rand der Flügeldecken und des Halsschilds rötlichgelb, Beine orange, Fühler bis auf die ersten 4 rötlichen Glieder schwarz; Flügeldecken mit 7 Rippen.

Lebensweise: Der räuberische, tagaktive Laufkäfer ist in Wäldern und Wiesen heimisch, kommt aber auch in Gärten vor. Er geht tagsüber auf Beutezug. Die schwarzen Larven erscheinen bereits Ende des Winters, leben ebenfalls räuberisch, sind jedoch eher abends und nachts aktiv.

Interessantes: Hat der Käfer seine Beute ergriffen, injiziert er in ihr Gewebe zersetzende Verdauungssäfte, ehe er sie vertilgt.

ANSIEDLUNG UND NUTZEN

Laufkäfer machen Jagd auf Engerlinge, Raupen und Nackt- und Gehäuseschnecken und töten dabei mehr Beute, als sie fressen können. Um sie in den Garten zu locken, richtet man am Rand des Gemüsegartens eine Schutz- und Fluchtzone mit großen flachen Steinen, einem alten Baumstumpf oder Totholzstapel ein.

Rotgelber Weichkäfer *Rhagonycha fulva*

Kennzeichen: Der häufigste Weichkäfer Mitteleuropas ist 7–10 mm lang; seine Flügel sind weich und biegsam; Kopf und Brust rötlich gefärbt mit schwarzer Spitze.

Lebensweise: Im Frühjahr erscheinen die Käfer in großen Scharen. Sie sind eifrige Blütenbesucher. Oft findet man sie auf Doldenblüten, wo sie sich räuberisch von anderen kleinen Insekten und Raupen ernähren. Doch zur Not fressen sie auch Blätter. Die Larven sind flach, braun oder schwarz und halten sich den Winter über unter Steinen oder verrottetem Pflanzenmaterial auf.

Interessantes: Die Larven bleiben auch bei niedrigen Temperaturen aktiv. An warmen Wintertagen kriechen sie manchmal in großer Zahl auf dem Schnee herum und werden deshalb auch „Schneewürmer" genannt.

ANSIEDLUNG UND NUTZEN

Die Käfer lieben sonnige Flächen und Hecken. Eine blühende Wildstrauchhecke und hohes Gras sind ideale Rückzugsorte für Weichkäfer. Manche Arten sitzen bevorzugt auf Blättern, wo sie Raupen vertilgen.

Goldglänzender Rosenkäfer *Cetonia aurata*

Kennzeichen: 1,5–2,5 cm langer, metallisch grün bis rötlich glänzender Käfer; auf den Deckflügeln je 2 flache Längsrippen, im hinteren Drittel weiße, schmale Querbänder; die Flügeldecken sind oberseits mit längeren, abstehenden Haaren besetzt.

Lebensweise: Die großen Käfer findet man von April bis September häufig in blühenden Sträuchern und anderen Blütenpflanzen, bevorzugt auf Rosen. Die weißlichen Larven leben im Boden, wo sie sich von Laub, verrottendem Holz und anderen organischen Stoffen ernähren.

Interessantes: Rosenkäfer können zum Flug sehr schnell starten. Sie spreizen ihre Flügeldecken nicht wie andere Käfer ab, sondern halten sie geschlossen.

ANSIEDLUNG UND NUTZEN

Ein Laubhaufen, am besten an einer schattigen Wand, ist ideal für die Eiablage des Käfers. Die geschlüpften Larven produzieren hochwertige Komposterde, die sich zur Anreicherung des Bodens von Aussaatbeeten nutzen lässt.

Gemeiner Widderbock *Clytus arietis*

Kennzeichen: Der Körper ist 7–15 mm lang; die schwarz-gelbe Zeichnung erinnert an Wespen und scheint dem Käfer einen gewissen Schutz zu geben; die Fühler werden zum Ende dicker und dunkler; der gelbe Strichfleck hinter der Schulter steht waagerecht; Fühler und Beine sind rot-gelb.

Lebensweise: Die tagaktiven Widderböcke findet man von Mai bis Juni. Sie sind recht scheu und fliegen bei Gefahr sofort von ihrem Aufenthaltsort ab. Die Larvenentwicklung dauert 2 Jahre und findet in dürren Ästen von Laubgehölzen statt.

Interessantes: Fängt man einen Käfer mit der Hand, versucht dieser den Feind sofort durch heftiges Zirpen, das durch Reiben der Vorderbeine gegen die Mittelbrust erzeugt wird, zu erschrecken.

ANSIEDLUNG UND NUTZEN

Bockkäfer gehören zur Gruppe der Holzverwerter; ein verrottender Baumstamm oder -stumpf dient ihnen als Unterschlupf. Die Larven zersetzen auch größere Stämme rasch. Die Löcher, aus denen die erwachsenen Käfer kriechen, werden oft von Solitärbienen und Wespen zum Nestbau genutzt.

Gemeiner Totengräber *Nicrophorus vespillo*

Kennzeichen: Der Körper des Aaskäfers ist 1,2–2,5 cm lang; die Flügeldecken sind gelbrot-schwarz gebändert, die 3 Endglieder der Fühlerkeule gelbrot; die Hinterschienen sind deutlich nach innen gebogen; der vordere Teil des Halsschilds ist gelblich behaart.

Lebensweise: Totengräber betreiben eine hoch entwickelte Brutpflege. Das Aas wird über den Geruchssinn gefunden und durch Unterwühlen sowie Hineinpressen in einen schräg in die Erde führenden Gang vergraben. Die Eiablage erfolgt über einen weiteren, nahegelegenen Gang. Die Junglarven werden vom Weibchen durch Zirpen zum Aas gelockt.

Interessantes: Totengräber unterhöhlen einen Kadaver, damit er in die Erde einsinkt. Ist der Boden dafür zu hart, wird das Aas von den erwachsenen Käfern an Ort und Stelle vertilgt.

ANSIEDLUNG UND NUTZEN

Kadaver von Vögeln oder Mäusen müssen nicht in die Mülltonne wandern. Man legt sie einfach in einer hinteren Gartenecke auf ein Beet mit lockerem Boden, wo sie von den Aaskäfern in kurzer Zeit entsorgt werden.

Gemeine Florfliege *Chrysoperla carnea*

Kennzeichen: Das grazile Insekt wird 1–1,5 cm lang; die mit einem dichten, grünen Adernetz durchzogenen Flügel haben eine Spannweite von bis zu 3,5 cm; die Facettenaugen sind golden gefärbt, deshalb wird die Gemeine Florfliege im Volksmund auch „Goldauge" genannt.

Lebensweise: Die dämmerungs- und nachtaktiven Florfliegen sitzen tagsüber versteckt im Blattwerk und fliegen abends gerne ans Licht. Die Eiablage erfolgt schon zeitig im Frühjahr. Kaum geschlüpft, machen sich die Larven auf die Jagd nach Blattläusen.

Interessantes: Manche Arten können sich über Ultraschall verständigen, was beim Paarungsverhalten eine Rolle spielt. Die Laute werden über Zuckungen des Hinterleibs erzeugt.

ANSIEDLUNG UND NUTZEN

Katzenminze gilt als Lockmittel, da ihre Duftstoffe Florfliegen anziehen. Als Überwinterungsplatz eignen sich Holzspäne an einer trockenen Stelle. Da die Larven in ihrer 3 Wochen dauernden Entwicklung bis zu 500 Blattläuse vernichten, nennt man sie auch „Blattlauslöwen".

Tagpfauenauge *Inachis io*

Kennzeichen: Tagpfauenaugen haben eine rostrote Grundfärbung, die Flügel eine Spannweite von 5,5–6 cm; unverkennbares Merkmal sind die an jeder Vorder- und Hinterflügelspitze schwarz, blau und gelb gefärbten Augenflecken.

Lebensweise: Die Raupen treten bevorzugt an sonnigen Standorten in großen Nestern auf und überziehen dabei mehrere Brennnesselpflanzen mit ihrem Gespinst. Vor der Verpuppung zerstreuen sie sich und suchen nach geeigneten Plätzen. Als Stürzpuppen hängen sie dann frei senkrecht nach unten.

Interessantes: Tagpfauenaugen überwintern als erwachsene Falter in geschützten Hohlräumen wie Baumlöchern oder auf Dachböden. Deshalb kann man die farbenprächtigen Schmetterlinge bereits im Frühjahr im Garten flattern sehen.

ANSIEDLUNG UND NUTZEN

Zur Fortpflanzung und Entwicklung brauchen Tagpfauenaugen einen Brennnesselbusch in einer ruhigen Gartenecke. Für im Spätsommer geschlüpfte Schmetterlinge sollten als Reserven für den Winter Herbstblüher (z. B. Astern) gepflanzt werden.

Dunkle Erdhummel *Bombus terrestris*

Kennzeichen: Der 1,4–2,3 cm lange, dicht schwarz behaarte Körper trägt auf der Brust und dem zweiten Hinterleibssegment eine gelbe Binde, die letzten beiden Hinterleibssegmente sind weiß.

Lebensweise: Erdhummeln nisten im offenen Gelände, das Nest wird häufig in der Erde in verlassenen Mäusenestern angelegt. Die Königin gibt einen Stoff ab, der die Entwicklung fruchtbarer Weibchen hemmt und somit Arbeiterinnen entstehen lässt. Wird dieser Stoff nicht abgegeben, dauert die Larvenentwicklung länger und bringt große Königinnen hervor.

Interessantes: Auf bestimmten Blüten schlägt die Erdhummel sehr schnell mit den Flügeln. Dabei entsteht ein Summton, dessen Vibrationen den Blütenstaub lösen.

ANSIEDLUNG UND NUTZEN

Erdhummeln nutzen für Ihr Nest auch Löcher im Mauerwerk und in Bäumen, zur Not auch in Vogelnistkästen. Weitere Nistmöglichkeiten sind ein vor einer Hecke angelegter hoher Grassaum, ein Steinhaufen oder Holzstapel. Besonders hilfreich sind die Tiere beim Bestäuben von Tomatenpflanzen, die ohne diese Hilfe weit weniger Früchte tragen würden.

Gartenhummel *Bombus hortorum*

Kennzeichen: Der 1,8–2,5 cm lange Körper mit länglichem Kopf ist variabel gefärbt, meist mit drei gelben Ringen auf Brust und Hinterleib, die Körperunterseite ist hellgelb; der Hinterleib weiß.

Lebensweise: Mit ihrem fast körperlangen Rüssel erreichen Gartenhummeln auch tiefer liegenden Nektar von Blüten. Ihr Nest legen sie bevorzugt unter der Erdoberfläche an und polstern es mit Moos aus. Nach der Überwinterung kann man die Königinnen schon sehr zeitig im Frühjahr beobachten.

Interessantes: Nur die im Sommer geschlüpften Königinnen überwintern, nachdem sie sich mit einer Drohne gepaart haben. Der restliche Hummelstaat geht im Herbst zugrunde.

ANSIEDLUNG UND NUTZEN

Hummeln sammeln von Frühjahr bis Herbst Nektar und Pollen für die Aufzucht ihrer Brut. Üppig bepflanzte Beete mit Salbei, Lavendel und Thymian sind eine gute Hummelweide. Das gilt besonders für den früh blühenden Löwenzahn, den man unbedingt stehen lassen sollte.

Hornisse *Vespa crabro*

Kennzeichen: Mit einer Körperlänge von 3–4 cm größtes staatenbildendes Insekt unserer heimischen Tierwelt; Färbung schwarz und gelb, mit rostroten Partien an Kopf, Brust und Beinen.

Lebensweise: Bevorzugte Nistplätze sind dunkle Orte wie hohle Bäume. Die Königin beginnt im Frühjahr mit dem Bau einiger Zellen als Grundlage für die erste Wabe. Nach 4–5 Wochen schlüpfen die ersten Arbeiterinnen, bauen weitere Waben und eine Schutzhülle.

Interessantes: Hornissen sind nicht aggressiv, sondern eher friedliebend – in erster Linie wollen sie ihr Volk erhalten und das Nest schützen. Ihr Stich ist zwar schmerzhafter als ein Bienen- oder Wespenstich, aber keineswegs giftiger.

ANSIEDLUNG UND NUTZEN

Als eine Art Naturpolizei erfüllen Hornissen eine wichtige Funktion im Ökosystem. Ein starkes Hornissenvolk verfüttert pro Tag ein Pfund an Mücken, Fliegen, Blattläusen, Nachtfaltern, Wespen und anderen Insekten an seine Brut. Die in hohlen Bäumen, im Boden oder an Gebäuden gebauten Nester dürfen nicht zerstört werden!

Sandbiene *Andrena vaga*

Kennzeichen: 1,3–1,5 cm lange, schwarz behaarte Wildbiene mit kurzem Saugrüssel; Kopf und Brust weiß-grau; an der Basis der Hinterbeine ein auffallendes, gebogenes Haarbüschel.

Lebensweise: Sandbienen bilden wie alle Wildbienen keinen Staat. Oft nisten jedoch mehrere Weibchen gesellig auf engem Raum, manchmal bis zu 50 Nester auf einem Quadratmeter. Ein Nest besteht aus einem 50 cm langen in die Erde gegrabenen Hauptgang, an dessen Ende die Brutzellen sitzen. Um den Eingang wird ein auffälliger Sandhaufen aufgetürmt.

Interessantes: Die Männchen haben keinen Stachel und der der Weibchen ist so weich, dass er die menschliche Haut nicht durchdringen kann.

ANSIEDLUNG UND NUTZEN

Um zu steuern, wo sich Sandbienen im Garten ansiedeln, kann man einen Nistplatz an einem regengeschützten, warmen Platz anlegen, wo sie nicht gestört werden und sich nicht oft jemand aufhält. Die Sandbiene bestäubt im Schnitt doppelt so viele Blüten wie die Honigbiene. Einige Arten haben sich auf bestimmte Blüten spezialisiert.

Gemeine Pelzbiene *Anthophora plumipes*

Kennzeichen: Mit ihrem 1,5 cm langen, kompakten, stark behaarten Körper erinnern Pelzbienen an Hummeln, lassen sich aber durch ihren viel schnelleren Flug eindeutig unterscheiden; die Weibchen sind grau, braun oder schwarz gefärbt, die Männchen grau mit heller Kopfzeichnung.

Lebensweise: Nestbau bevorzugt in Mauerfugen aus Lehm und Mörtel. Das überwinternde Männchen schlüpft Ende Februar, das Weibchen etwa 3 Wochen später. Es gräbt kurze Nestgänge, jedes Nest enthält eine Reihe von Brutzellen, in denen jeweils ein Ei abgelegt wird.

Interessantes: Pelzbienen müssen keinen Staat verteidigen und verhalten sich entsprechend friedlich. Auch interessieren sie sich im Gegensatz zu anderen Wildbienen nicht für Süßspeisen.

ANSIEDLUNG UND NUTZEN

Für die schon zeitig aktiven Pelzbienen sind Frühjahrsblüher sowie alle Arten von Obstbäumen beliebte Nahrungsquellen. Aufgrund ihrer Nistweise sind sie auch auf künstliche Nistmöglichkeiten wie Trockenmauern mit Lehmfugen angewiesen.

Gemeine Sandwespe *Ammophila sabulosa*

Kennzeichen: Schlanke, 1,5–1,9 cm lange, schwarze Grabwespe mit stielförmigem, nach hinten verdicktem Hinterleib, dessen Stielende und basaler Teil rot gefärbt sind.

Lebensweise: Sandwespen sind vor allem während der heißen Stunden des Tages aktiv und machen Jagd auf Raupen von Schmetterlingen und Larven von Blattwespen. Das Weibchen gräbt in festen Sandboden durch Scharren mit den Vorderbeinen ein Nest, das aus einem 5–8 cm langen Gang besteht und sich am Ende zu einer horizontal liegenden Larvenkammer erweitert.

Interessantes: Die Sandwespe zieht ihre Beute rückwärts kriechend in den Gang hinein und legt das Ei direkt am Raupenkörper ab. Aus dem Ei schlüpft nach wenigen Tagen die Larve und beginnt sofort die Raupe zu verzehren.

ANSIEDLUNG UND NUTZEN

Die Weibchen saugen Nektar an Blüten, die Männchen auch Honigtau von Blattläusen. Ein Beet mit blühenden Pflanzen ist eine willkommene Nahrungsquelle. Als Nistmöglichkeit bieten sich ein Sandhaufen in einer Gartenecke oder mit Löchern versehene Holzstücke an.

Hainschwebfliege *Episyrphus balteatus*

Kennzeichen: Der bis 1,2 cm lange, schlanke, dunkelgrün glänzende Körper der Hainschwebfliege trägt eine schwarz-gelbe, wespenähnliche Bindenzeichnung. An dem typischen Fliegenkopf sitzen die charakteristischen großen, roten Augen.

Lebensweise: Die Weibchen legen ihre Eier direkt an Blattlauskolonien ab. Die schlüpfenden weißlich-durchscheinenden Larven machen Jagd auf Blattläuse, die sie mit ihrem spitzen Kopf durchstoßen und aussaugen.

Interessantes: Die Hainschwebfliege ahmt mit ihrer gelb-schwarzen Färbung eine wehrhafte Wespe nach, um sich gegen Fressfeinde zu schützen. Sie hat aber keinen Stachel und ist völlig harmlos.

ANSIEDLUNG UND NUTZEN

Die erwachsenen Tiere saugen Nektar als Energiespender und fressen Pollen zur Ei-Produktion vor allem an Doldengewächsen und Korbblütlern. Erwachsene Hainschwebfliegen sind eifrige Blütenbesucher. Sie tauchen mit den ersten Frühjahrsblühern in größerer Zahl auf und sind dann an Winterling, Huflattich, Kornelkirsche und Weidenkätzchen zu finden.

Igelfliege *Tachina fera*

Kennzeichen: Vergleichsweise große Raupenfliege (1–1,5 cm) mit typisch orangefarbenem, mit schwarzen Borsten besetztem Hinterleib (daher der Name) und schwarzem Mittelstrich, der meist mit einer dreieckigen Spitze endet.

Lebensweise: Die Weibchen legen ihre Eier in unmittelbarer Nähe zu Raupen ab. Die geschlüpften Larven leben parasitär. Sie bohren sich in den Körper ihres Wirts und fressen ihn von innen her auf; die Raupe stirbt. Die voll entwickelten Larven verlassen den Kadaver und verpuppen sich im Boden. Im darauffolgenden Frühjahr erscheinen die Fliegen.

Interessantes: Für die Fortpflanzung brauchen die Raupenfliegen Zucker, deshalb trinken sie auch den Honigtau der Blattläuse.

ANSIEDLUNG UND NUTZEN

Die Igelfliege hat sich auf die Raupen von Eulenfaltern spezialisiert, die als Schädlinge im Gemüsegarten gelten. Da die Fliege gerne Blüten besucht, kann man sie in den Gemüsegarten locken, indem man dort auch Bienenfreund und Weißen Senf anpflanzt.

Gemeiner Regenwurm *Lumbricus terrestris*

Kennzeichen: Der Gemeine Regenwurm ist 12–30 cm lang und etwa 5 mm dick; sein Körper ist vorn rot, hinten blass und besteht aus bis zu 160 zylindrischen Segmenten, an denen jeweils vier kurze Borstenpaare sitzen.

Lebensweise: Der nachtaktive Regenwurm kommt vor allem bei feuchtem Wetter an die Oberfläche. Er nimmt Keimlinge und Blätter mit in seine Gänge; dort verrotten sie und dienen später als Nahrung. Nach der Paarung legen die Tiere unterirdische Kokons an, in denen sich die aus Eiern geschlüpften Jungwürmer entwickeln.

Interessantes: Ein Regenwurm kann bei einem Angriff einen Teil seiner hinteren Körpersegmente abschnüren, dem Fressfeind überlassen und sich so in Sicherheit bringen.

ANSIEDLUNG UND NUTZEN

Damit es Regenwürmern nicht an Nahrung mangelt, lässt man Laub liegen und setzt den Komposthaufen direkt auf den Gartenboden. Regenwürmer legen zahllose Gänge an, die für eine gute Durchlüftung und Drainage des Bodens sorgen.

Gemeiner Steinläufer *Lithobius forficatus*

Kennzeichen: Körperlänge 2–3 cm, an jedem der 15 Rumpfsegmente ein Beinpaar; bei dem mit dem Kopf verschmolzenen ersten Rumpfsegment ist das Beinpaar zu großen Giftklauen umgebildet.

Lebensweise: Die nachtaktiven Tiere ernähren sich räuberisch von Blattläusen, Spinnen, Larven verschiedener Insekten und anderen Gliederfüßern. Sie ertasten ihre Beute mit den Fühlern, packen sie und injizieren ein schnell wirksames Gift. Der Biss ist auch für den Menschen schmerzhaft.

Interessantes: Steinläufer tragen an den letzten beiden Beinpaaren Wehrdrüsen mit einem klebrigen Segment, das sie bei Bedrohung mit den Endbeinen herausschleudern und mit dem sie den Angreifer sogar fesseln können.

ANSIEDLUNG UND NUTZEN

Steinläufer verstecken sich tagsüber unter Steinen, Laub, Rinde und gelagertem Holz. Da sie nicht wählerisch sind, fressen sie fast alles, was ihnen bei der Jagd über den Weg läuft. Das macht sie zu wertvollen Helfern, wenn es zu massivem Schädlingsbefall kommt.

Gartenkreuzspinne *Araneus diadematus*

Kennzeichen: Kreuzspinnen besitzen wie alle Spinnen ein festes Außenskelett aus Chitin; der Körper ist 1–2 cm lang; der große Hinterleib braun marmoriert mit einer weißen, kreuzförmigen Zeichnung.

Lebensweise: Wenn Spinnen wachsen, müssen sie sich häuten. Sind sie aus dem Ei geschlüpft, streifen sie sofort die erste Hülle ab, dann häuten sie sich im Abstand von einigen Wochen mehrmals. Nach der letzten Häutung sind sie geschlechtsreif.

Interessantes: Ihre großen Netze sind kleine Meisterwerke der Baukunst. Knapp eine Stunde brauchen die Tiere, um eine Insektenfalle von 1 m Durchmesser zu weben. Nur die Kreuzspinne weiß, welche Fäden klebrig sind und welche nicht.

ANSIEDLUNG UND NUTZEN

Kreuzspinnen brauchen hohe Pflanzenstängel oder niedrige Zweige, an denen sie ihre Netzfäden befestigen können. Hilfreich sind auch rankende Gemüsepflanzen, Sträucher auf freien Flächen oder ein hoher Grassaum. Da Blattläuse, Milben und andere saugende Insekten bis zu 70 Prozent ihrer Beute ausmachen, spielen Kreuzspinnen eine wichtige Rolle bei der natürlichen Schädlingsbekämpfung.

Erdkröte *Bufo bufo*

Kennzeichen: Bis zu 11 cm groß, plumper Körper, breiter Kopf und waagerechte Pupillen mit kupferfarbener Iris; Färbung meist bräunlich, grau oder gelb; die trockene Haut ist mit vielen größeren Warzen besetzt.

Lebensweise: Erdkröten halten sich an feuchten Stellen auf und sind nur bei Regen oder nachts aktiv, tagsüber ruhen sie unter Totholz, Laub, Steinen oder in selbst gegrabenen Erdlöchern. Jedes Jahr laichen sie im selben Gewässer 3000–6000 Eier ab; die Jungen verlassen Ende Juni das Wasser.

Interessantes: Hat die Kröte ein Beutetier fixiert, schnellt ihre Fangzunge hervor und befördert es in Sekundenbruchteilen in ihr Maul.

ANSIEDLUNG UND NUTZEN

Wer Erdkröten in seinem Garten ansiedeln möchte, sollte ihnen einen naturnahen Gartenteich mit Pflanzenbewuchs sowie Stein- oder Totholzhaufen als Unterschlupf bieten. Da die Tiere sehr laichplatztreu sind, kommen die Folgegenerationen mit großer Wahrscheinlichkeit wieder. Zu ihren Lieblingsspeisen zählen unter anderem Nacktschnecken und Kartoffelkäferlarven.

Grasfrosch *Rana temporaria*

Kennzeichen: Körper 9–11 cm lang; Oberseite gelb, rot- bis schwarzbraun, häufig mit größeren Flecken, Unterseite beim Männchen weißlich-grau, beim Weibchen gelb und rötlich marmoriert; Hinterbeine quergestreift.

Lebensweise: Grasfrösche sind meist nachtaktiv – sowohl auf ihren Wanderungen als auch bei der Nahrungssuche. Typisch sind große Laichballen im Flachwasser, gerne in Ufernähe. Sie überwintern häufig in größeren Ansammlungen auf dem Grund von Gewässern.

Interessantes: Der Stoffwechsel wird zur Überwinterung auf ein Minimum heruntergefahren; die Atmung erfolgt dann ausschließlich über die Haut. Kühle Gewässer haben während der kalten Monate einen ausreichend hohen Sauerstoffanteil.

ANSIEDLUNG UND NUTZEN

Auch beim Grasfrosch stehen Schnecken ganz oben auf der Speisekarte, er ist deshalb ein fleißiger Helfer des Nutzgärtners. In einem eher unaufgeräumten Garten mit einer ungemähten Wiese, Falllaub, verrottendem Astwerk und Steinen fühlt er sich wohl. Ein Teich, in dessen Schlamm er überwintern kann, dient als Laichgewässer.

Zauneidechse *Lacerta agilis*

Kennzeichen: Bis zu 25 cm lang, Kopf und Körper zusammen ebenso lang wie der Schwanz; hellbraune Grundfarbe mit variablem Muster, an den Flanken meist ein dunkles Band mit hellen Flecken.

Lebensweise: Ende April beginnt die Paarungszeit, Mitte Mai bis Anfang August legen die Weibchen an sonnigen Plätzen bis zu 15 Eier in selbst gegrabenen Erdlöchern ab. Die Jungen schlüpfen ab Ende Juli. Zauneidechsen halten von November bis März zwischen Steinhaufen Winterruhe.

Interessantes: Während der Paarungszeit nehmen die Männchen eine auffällig leuchtende, hellgrüne Färbung an, die sich vor allem an den Flanken und an der Kehle zeigt.

ANSIEDLUNG UND NUTZEN

Die Tiere vertilgen unter anderem Schädlinge wie Kohlweißlinge und Gemüsefliegen. Um sich langfristig anzusiedeln, benötigt die tagaktive Zauneidechse ausreichende Versteckmöglichkeiten unter Reisig-, Sand- oder Holzhaufen, Schutt oder Sträuchern. Darüber hinaus braucht sie sonnenexponierte Plätze mit hoher, aber spärlicher Vegetation, um sich in den Vormittagsstunden vor Fressfeinden verborgen aufzuwärmen.

Tigerschnegel *Limax maximus*

Kennzeichen: Eine 10–20 cm lange, bräunliche bis graue Nacktschnecke mit einer auffälligen Flecken- und Streifenzeichnung (daher der Name); die kräftigen Fühler, an deren Spitze die Augen sitzen, sind hell gefärbt.

Lebensweise: Tigerschnegel sind Zwitter, alle Individuen besitzen sowohl männliche als auch weibliche Geschlechtsorgane. Sie sind nachtaktiv und nur bei feuchter Witterung und bedecktem Himmel auch tagsüber unterwegs.

Interessantes: Man bekommt die Tiere selten zu Gesicht. Wer sie im Garten entdeckt, kann sich freuen, denn die effektiven Schneckenjäger überwältigen sogar Artgenossen, die größer sind als sie selbst.

ANSIEDLUNG UND NUTZEN

Ideal sind schattige, feuchte Stellen unter Gehölzen mit locker aufgeschichteten Hochlochziegeln und alten Holzbrettern, die mit Reisig und verrottendem Laub überschüttet werden. Der Aktionsradius der Tiere beträgt 5–10 m um ihr Quartier herum. Es zahlt sich daher aus, wenn man den Unterschlupf zum Beispiel zentral im Nutzgarten platziert.

Blindschleiche *Anguis fragilis*

Kennzeichen: Bis zu 50 cm lange, beinlose, schlanke Echse mit kaum abgesetztem Kopf und stumpfem Schwanz; glatte, glänzende Schuppen, auf der Oberseite bräunlich oder gräulich, auf der Unterseite beim Männchen gelblich, beim Weibchen grau bis schwarz.

Lebensweise: Anfang April kommen die Blindschleichen ins Freie. Den Winter verbringen sie in geschützten, frostsicheren Erdlöchern. Nach der Paarung behält das Weibchen rund 10 Eier 13–14 Wochen im Körper, bis sich aus ihnen etwa 10 cm lange Jungtiere entwickelt haben, die unmittelbar nach Eiablage schlüpfen.

Interessantes: Auch Blindschleichen sind mit Sollbruchstellen ausgestattet, die bei einem Angriff ein gezieltes Abwerfen des Schwanzes ermöglichen.

ANSIEDLUNG UND NUTZEN

Da bei Blindschleichen Schnecken ganz oben auf dem Speiseplan stehen, gehören sie zweifelsfrei zu den Nützlingen. Damit sie sich im Garten einfinden, sollte dieser nicht allzu aufgeräumt sein. Auf Steinplatten können sie sich sonnen oder darunter Schutz suchen. Im Sommer brauchen sie Zugang zu einer Wasserstelle.

Braunbrustigel *Erinaceus europaeus*

Kennzeichen: Mit seinen 25–30 cm kleines bis mittelgroßes Säugetier; trägt abhängig von der Körpergröße bis zu 8000 bräunliche über den gesamten Rücken verteilte Stacheln; kurze Gliedmaßen, lange, spitze, bewegliche Schnauze.

Lebensweise: Einzelgänger, dämmerungs- und nachtaktiv, klettert und gräbt gut; Tagesversteck unter Stein- und Reisighaufen, Nestmulde mit Gras und Laub gepolstert; Winterschlaf von April bis Oktober.

Interessantes: Bei Gefahr zieht der Igel sich zu einer stacheligen Kugel zusammen und hält sich so Fressfeinde wie Fuchs, Marder, Katze oder Hund vom Leib. Ist die Gefahr abgewehrt, kommt die Schnauzenspitze zum Vorschein und prüft, ob die Luft rein ist.

ANSIEDLUNG UND NUTZEN

Auf seinem Speiseplan stehen unter anderem Nackt- und Gehäuseschnecken. Gerade im Herbst und Winter haben es Igel schwer – wer ihnen ein passendes Winterquartier schaffen möchte, sollte an einer gut geschützten Stelle im Garten Laub anhäufen. Man kann aber auch ein selbst gebautes Igelhaus (Seite 38) als Unterkunft anbieten.

Kohlmeise *Parus major*

Kennzeichen: Jahresvogel. Vergleichsweise kräftig gebaut und 14 cm groß; Kopf schwarz-weiß, Unterseite gelb, Männchen mit breitem, schwarzem Längsband auf Brust und Bauch, beim Weibchen schmaler und blasser.

Lebensweise: 1–3 Bruten (März – Juli); brütet 8–12 Tage in Baumhöhlen, Nistkästen, Mauerlöchern und Rohren; Nest aus Moos, Halmen, Wurzeln und Wolle; 6–12 weiße, rotbraun gesprenkelte Eier, Nestlingsdauer 18–20 Tage.

Beobachtungstipp: Kohlmeisen sind wenig scheu und die häufigsten Gäste am winterlichen Futterplatz, von dem sie andere Kleinvögel energisch vertreiben.

ANSIEDLUNG UND NUTZEN

Ihre Ernährungsgewohnheiten machen die Kohlmeisen zu einem wertvollen Helfer bei der Schädlingsbekämpfung. Sie vertilgen zum Beispiel Spinnen, vor allem deren Larven, und holen Apfelwicklerraupen aus der Rinde von Obstbäumen. Ein Brutpaar erjagt für sich und den Nachwuchs bis zu 8000 Raupen. Kohlmeisen finden im Garten zwar genug Futter, aber nur wenige Schlaf- und Nistplätze. Aufgehängte Nistkästen werden in der Regel gerne angenommen.

Buntspecht *Dendrocopos major*

Kennzeichen: Jahresvogel. 23 cm, schwarz-weiß-rotes Gefieder mit auffallenden weißen Schulterflecken und intensiv rotem Unterschwanz, Männchen mit roter Kopfplatte.

Lebensweise: 1 Brut (April – Juni); brütet (10–12 Tage) in Baumhöhlen mit kreisrundem Flugloch, die jedes Jahr neu von beiden Partnern selbst gezimmert werden; 5–7 weiße Eier. Nestlingsdauer 21–23 Tage.

Beobachtungstipp: Klettert ruckartig an Baumstämmen empor. Das für ihn typische Trommeln hat eine revieranzeigende Funktion. In Baumspalten eingeklemmte Früchte sind ebenfalls ein Hinweis auf seine Anwesenheit.

ANSIEDLUNG UND NUTZEN

Im Sommer ernährt sich der Buntspecht hauptsächlich von Raupen, Käfern und deren Larven, aber auch von Blattläusen und Ameisen; im Obstgarten erbeutet er viele Wicklerlarven. Im Garten siedelt er nur an, wenn er dort oder in unmittelbarer Nähe Bäume zum Nisten findet. Eine Futterstelle im Winter in der Nähe von Obstbäumen holt ihn im Frühjahr wieder in den Garten, weil er in deren Rinde Larven findet.

Grünspecht *Picus viridis*

Kennzeichen: Jahresvogel. 35 cm, Oberseite und Schwanz grün, roter Scheitel, leuchtend gelber Bürzel, Unterseite grünlich-grau, Männchen mit rotem, schwarz umrandetem Bartstreif, Weibchen mit schwarzem Bartstreif.

Lebensweise: 1 Brut (April – Juni), brütet 14–16 Tage in selbst gezimmerten oder übernommenen Bruthöhlen in morschen Stämmen von Laubbäumen; 5–7 weiße Eier; Nestlingsdauer 23–27 Tage. Jungtiere vertilgen Unmengen an Ameisen, ehe sie das Nest verlassen.

Beobachtungstipp: Im Winter graben sich Grünspechte auf der Suche nach Ameisenhaufen sogar durch die Schneedecke hindurch; dabei entstehen charakteristische Erdlöcher.

ANSIEDLUNG UND NUTZEN

Der Grünspecht geht vorwiegend am Boden auf Beutefang, wobei er Rasenflächen systematisch absucht. Seine Lieblingsspeisen sind Ameisen und deren Larven; er plündert auch gerne Ameisenhaufen. Deshalb kommen ihm offene Gartenflächen mit kurzem Gras entgegen. Zur Freude des Gärtners holt er auch Apfelwicklerraupen unter Leimringen hervor, wie man sie zum Schutz vor Schädlingen an den Stämmen von Obstbäumen anbringt.

Zaunkönig *Troglodytes troglodytes*

Kennzeichen: Jahresvogel. Einer der kleinsten Vögel Europas (9,5 cm); kugelige Gestalt, braunes, leicht gebändertes Gefieder, heller Streif über dem Auge, gebogener Schnabel, der kurze Schwanz meist steil aufgerichtet.

Lebenweise: 2 Bruten (April – Juli), brütet 14–16 Tage in Sträuchern, Jungfichten, Wurzeln umgestürzter Bäume, Baumhöhlen und Mauerlöchern; kugeliges Nest aus Moos; 5–7 weißliche, zart rot gesprenkelte Eier; Nestlingsdauer 15–18 Tage.

Beobachtungstipp: Der Zaunkönig huscht lautlos wie eine Maus durchs Unterholz. Geht er am Boden auf Beutezug, hüpft der äußerst lebhafte Vogel unentwegt hin und her.

ANSIEDLUNG UND NUTZEN

Bevorzugte Nistplätze sind alte Mauern, Efeu, dichtes Buschwerk oder Dornengestrüpp. Gelegentlich nimmt er auch halb offene Nistkästen an. Dem Gärtner ist der Zaunkönig von großem Nutzen, denn der geschickte Nimmersatt ernährt sich fast ausschließlich von tierischer Kost – zum Beispiel Larven von Mai- und Blattkäfern sowie Raupen von Schädlingen.

Singdrossel *Turdus philomelos*

Kennzeichen: Sommervogel. 23 cm, Oberseite braun, Unterseite hell mit dichten, dunklen Flecken, Wangen gelblich mit brauner Zeichnung, im Flug an den rostgelben Unterflügeln erkennbar.

Lebensweise: 2 Bruten (März – Juli), brütet 12–14 Tage halbhoch in Sträuchern, Bäumen oder an Gebäuden; napfförmiges, stabiles Nest aus Moos und Zweigen, mit Erde und Holzmulm verfestigt; 4–6 hellblaue, schwarz gepunktete Eier; Nestlingsdauer 14–16 Tage.

Beobachtungstipp: Die Singdrossel zertrümmert das Gehäuse von Schnecken an einem Stein, Baumstumpf oder Brett, um an den weichen Körper zu gelangen („Drosselschmiede"). Sie singt vor allem in den Morgen- und Abendstunden.

ANSIEDLUNG UND NUTZEN

Zum Nestbau nimmt die Singdrossel dichte, dornige Sträucher an. Gliedert man in eine Hecke Beeren tragende Sträucher ein, sind sie eine willkommene zusätzliche Nahrungsquelle – ebenso wie die im Frühjahr reifenden Beeren von Efeu. Dem Gärtner kommt vor allem ihr Appetit auf Raupen, Schnakenlarven sowie Nackt- und Gehäuseschnecken entgegen.

ARTEN- UND SACHREGISTER

Marienkäfer, Siebenpunkt- 24, 28, 48